Britta Heithoff

1970

Technik aus deinem Geburtsjahr

Du bist so alt wie der ...

Opel Manta

FRANZIS

Bibliografische Information der Deutschen Nationalbibliothek

Die Deutsche Nationalbibliothek verzeichnet diese Publikation in der Deutschen Nationalbibliografie; detaillierte bibliografische Daten sind im Internet über http://dnb.ddb.de abrufbar.

© 2020 Franzis Verlag GmbH, Richard-Reitzner-Allee 2, 85540 Haar bei München

Autor: Britta Heithoff
Konzept und Produktmanagement: Florian Greßhake und Maria Siegmantel
Sprachlektorat: Sibylle Feldmann
Cover: Julia Harrer
Layout & Satz: Nelli Ferderer, *nelli@ferderer.de*
ISBN: 978364560665-3

Eine Zeitreise in Ihr Geburtsjahr

Jedes Jahr bringt neue Erfindungen, Gadgets, Highlights und Flops mit sich. Gerne erinnern wir uns zurück an die technischen Spielzeuge unserer Kindertage, aber auch an die bahnbrechenden Entdeckungen und Produkteinführungen, die das Leben für immer veränderten.

1970 war ein ganz besonderes Jahr. Britta Heithoff – interessiert an Menschen und Maschinen, Wandel und Einordnung – zeigt Ihnen, welche technischen und gesellschaftlichen Neuerungen und Entwicklungen Ihr Geburtsjahr mit sich brachte.

Liebes Geburtstagskind, ...

1970 ★ TECHNIK AUS DEINEM GEBURTSJAHR ★ FRANZIS

FRANZIS ★ 1970 ★ TECHNIK AUS DEINEM GEBURTSJAHR

1970

1970

Inhaltsverzeichnis

So war 1970

Ein neues Jahrzehnt, das bedeutete 1970 auch ein Feuerwerk an Farben, 1970 stand für moderne Technologien und brachte ungewohnte Freiheiten. In den Wohnzimmern und Lebenswelten hielten knalliges Orange und Apfelgrün Einzug, Plastikmöbel verdrängten das Holz, Fernseher strahlten in Farbe aus, auffällige Muster zierten Tapeten und Stoffe, die Pril-Blume wurde auf Küchenfliesen platziert – und blieb dort im wahrsten Sinne des Wortes auch kleben. Modern, bunt, ungewöhnlich und schrill: Das durfte und sollte jetzt so sein.

Eine Wohlstandssteigerung führte nun auch zu vermehrter Konsumbereitschaft. Wohnung, Auto, elektronische Massenmedien, technische Hilfsmittel, Kleidung, Nahrung – in das tägliche Leben konnte jetzt einiges investiert werden.

Mehr Autofahrten, längere Zeiten vorm TV-Gerät und erste Tendenzen zu »mit Käse überbacken« und Fertig- oder Halbfertiggerichten: Die Deutschen »setzten ein wenig an«, und das schmeckte den Ärzten und Krankenkassen nicht. So nahm auch eine erste Fitnesswelle ihren Aufschwung: »Trimm Dich« wurde Trend.

Reisen konnten nun zu entfernteren Zielorten geplant werden – und wer nicht in den Urlaub fuhr, der ließ am Baggersee wenigstens die Hüllen fallen: FKK war in der DDR bereits populär und in der Bundesrepublik Deutschland zwar noch immer nicht überall gern gesehen, aber ausgewiesene Zonen zum Nacktbaden beflügelten nun die Idee der in den 1960ern erwachten sexuellen Befreiung.

Das Gefühl von »Easy Living« spielte auch in die Freizeitfahrten hinein. Nach dem Ford Capri kam der Opel Manta extrem gut an und wurde als attraktiv, sportlich und begehrenswert eingestuft.

Einen Aufschrei gab es, als sich im April die Beatles trennten – die Musik der Pilzköpfe war ein Befreiungsschlag gewesen und hatte die Phantasie der Nachkriegsgeneration angeheizt. Zu den kulturellen Massenstars gehörten zu dieser Zeit aber auch der Winnetou Darsteller Pierre Brice, die Schauspieler Joachim Fuchsberger und Inge Meysel, die Sängerin Wencke Myhre und der Serienstar Linda Evans.

In der Mode wurde experimentiert: Zum Minirock der 1960er-Jahre gesellten sich Midi und Maxi, extrem breite Krawatten lagen auf farbigen Herrenhemden, alles war erlaubt: auch die Vermischung der Stile und Kulturen von Schlaghose bis Häkellook, von Cowboyhut bis Blumenstickerei.

Diese Spielfreude stand in gewissem Kontrast zu immer technologischer werdenden Möglichkeiten der Datenverarbeitung und Rechnerleistungen: Programmieren, Multimedia und Taschenrechner begannen, Massenthemen zu werden.

Und es gab Hoffnung: Denn der allererste »Earthday« zeugte schon 1970 von einem Bewusstsein für Ressourcen: vielleicht der Anfang von etwas, an dem wir noch heute – und natürlich auch mithilfe der technischen Möglichkeiten – ganz dringend arbeiten müssen ...

1970's design

Timeline

Ein Überblick in Zahlen und Daten – ohne Anspruch auf Vollständigkeit und bunt gemischt, weltweit beobachtet und akzentuiert zusammengestellt.

Wichtig vorab: 1970 war sowohl das »Internationale Jahr der Bildung« als auch »Europäisches Naturschutzjahr«. Einige Merkpunkte:

1. Januar
Die Unix-Zeitrechnung (Epoch) beginnt.

12. Januar
Auf dem Londoner Flughafen Heathrow landet zum ersten Mal in Europa ein Großraumflugzeug. Fast 500 Passagiere finden in dem Jumbojet Platz.

23. Januar
Mit ITOS-1 startet die NASA den neuesten Satelliten der dritten Generation. Der Zweck: Wetterbeobachtung und Wettervorhersage.

11. Februar
Der erste japanische Satellit Osumi mit einer Lambda-4-Rakete startet.

13. April
An Bord des amerikanischen Raumschiffs Apollo 13 legt eine Explosion das Kommandomodul der Fähre lahm.

24. April
China schickt seinen ersten Satelliten Dong Fang Hong I in den Weltraum.

17. Mai
Thor Heyerdahl startet mit der Ra II eine Ost-West-Überquerung des Atlantiks auf einem Papyrusboot – die Crew kann ihr Ziel auf Barbados erreichen.

19. Juni
Die Kosmonauten Nikolajew und Sewastjanow setzen mit der Sojus-9-Mission und mehr als 17 Tagen Flugdauer eine neue Rekordmarke für den längsten Raumflug.

5. September
Jochen Rindt verunglückt beim Training zum Großen Preis von Italien in Monza tödlich. Sein Punktevorsprung ermöglicht, dass er später postum zum Formel-1-Weltmeister ernannt wird.

28. Oktober
In der Großen Salzwüste im US-Bundesstaat Utah setzt Gary Gabelich im Raketenauto Blue Flame einen Meilenstein, indem er erstmals mit einem Landfahrzeug eine Geschwindigkeit von mehr als 1.000 Kilometern pro Stunde erreicht.

1. November
Der erste Rettungshubschrauber in Deutschland feiert seinen Dienstbeginn. Sein Name: Christoph 1.

Anfang November
In Deutschland findet der erste ab dann jährlich stattfindende »Bundeswettbewerb Mathematik« statt.

12. November
Ein Zyklon mit Windgeschwindigkeiten von bis zu 230 km/h und meterhohen Flutwellen trifft auf Bangladesch und verursacht 300.000 Tote.

17. November
Lunochod 1 landet als erstes ferngesteuertes Fahrzeug auf dem Mond.

19. Dezember
Kurt Cannon fliegt mit seinem Hubschrauber Sikorsky S-67 Blackhawk den Geschwindigkeitsweltrekord von 355,5 km/h.

21. Dezember
Das Kampfflugzeug Grumman F-14 Tomcat absolviert seinen Erstflug in den USA.

Manta, Manta!

Der Ford Capri war schuld. Denn Opel sehnte sich nach einem konkurrenzfähigen Modell, um das 1969 beim Brüsseler Autosalon erstmals präsentierte Sportcoupé der Ford-Werke zu übertrumpfen. Also entwickelten die Opelaner zunächst das sogenannte »Projekt 1450«, das im September 1970 seine Premiere feierte. Namensgeber für den Opel Manta war der Mantarochen, ein im Roten Meer gesichtetes Meerestier

mit vergleichsweise schneller Fortbewegung, dessen Silhouette auf dem Fahrzeug aufgebracht war – als Emblem vorn zwischen Radausschnitt und Tür. Der Manta sollte ein sportliches Männerauto werden, so angelegt war auch die Kommunikation rund um die Neuvorstellung im Hotel Maritim am Timmendorfer Strand.

Seine individuelle Form mit langer Motorhaube beflügelte die Wiedererkennung und damit auch eine neue Ära des Automobildesigns. Die Idee: Eleganz und Tempo für jedermann. Opel wollte weg vom reinen Vernunftimage, wollte auch mal modisch, sportlich und vielleicht sogar ein bisschen verführerisch sein. »Sportlich schick, mit schnellem Cockpit und tollem Anzug, traumhaft sicher in der Kurve und stark ...«, so hieß es in einer frühen TV-Werbung.

Der 1970 erstmals vorgestellte Manta A wurde in den ersten fünf Jahren seines Erfolgs gut eine halbe Million Mal verkauft – und erreichte Kultstatus. Von seinen Fans heiß geliebt, war sein Image bei diesen extrem positiv, bei der weitaus größeren Gruppe, den Beobachtern der Manta-Liebhaber, aber extrem negativ: ein »Möchtegern-Sportwagen«, dessen Fans und Fahrern mangelnde Intelligenz, ein niedriges Sozialniveau und proletenhaftes Verhalten nachgesagt wurden.

Zwar sah der Manta durchaus sportlich aus, seine inneren Werte konnten mit dieser Optik aber nicht mithalten. Also motzten die Manta-Fahrer ihre Schätze auf, verspoilerten sie auffällig und rüsteten sie mit Tuning-Kits nach. Dem von der Bevölkerung mit Spott und Hohn überzogenen Image nach trugen alle Manta-Fahrer Cowboystiefel (»Manta-letten«), Goldkettchen unter dem geöffneten Hemdkragen und die für die 1970er typische Frisur »Vokuhila« (vorne kurz, hinten lang). Stets cruisten sie mit Ellenbogen aus dem Fenster und einer Blondine auf dem Beifahrersitz umher, den Manta liebevoll dekoriert mit wehendem Fuchsschwanz an der Antenne.

Das Original von 1970 wurde zur Proll-Karikatur: Zu den Höhenpunkten des Spotts gehörten sicherlich die Filme »Manta, Manta« (mit Til Schweiger in der Hauptrolle) und »Manta – der Film«, die unzähligen Manta-Witze (die ersten waren angeblich vom Komiker Karl Dall im Auftrag von Porsche erfunden worden, um dem Manta-Image bewusst zu schaden) und sogar Manta-Lieder. Noch über 20 Jahre später tauchte das Thema bei einer Saalwette der Spielshow »Wetten, dass ...« auf, in der mindestens zehn Manta-Fahrer ins Studio kommen sollten, die »Manni« (wie der Hauptdarsteller in »Manta – der Film«) hießen und eine Partnerin hatten, die als Friseuse arbeitete.

Noch heute werden wir an diese Manta-Phase erinnert, wenn wir anstatt Currywurst mit Pommes im Imbiss unseres Vertrauens eine »Manta-Platte« bestellen – die Bezeichnung soll auf die unreflektierte und ungesunde Ernährungsweise typischer Manta-Fahrer zurückgehen.

DATEN UND FAKTEN:

Produktionszeitraum: 1970–1988

Klasse: Mittelklasse

Versionen: Coupé und Kombicoupé

Der Manta A wurde zuerst mit drei verschiedenen Motoren angeboten: in den zwei 1,6-l-Varianten mit 68 PS (50 kW) und 80 PS (59 kW) sowie der 1,9-l-Version mit 90 PS (66 kW). 1972 kam ein 1,2-l-Motor mit 60 PS (44 kW) hinzu.

Das Einstiegsmodell (1,6-l-Vierzylindermotor mit 68 PS) kostete damals 7.953 DM; für das teuerste und stärkste Modell, den Manta 1,9 l mit einer 90 PS starken Maschine, verlangten die Rüsselsheimer 8.524 DM.

Manta-Witze

Der kürzeste Manta-Witz:
Steht ein Manta vor der Uni.

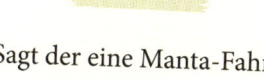

Warum werden Mantas
mit dreieckigem Gas-
pedal gebaut?

Damit die Cowboystiefel
besser draufpassen.

Sagt der eine Manta-Fahrer
zum anderen:
Ich hab mir gestern einen
Duden gekauft.

Sagt der andere:
Und, schon eingebaut?

Warum soll ein Manta
drei Meter hoch gebaut
werden?

Damit man ihn zwei Meter
tiefer legen kann.

Warum sollen Mantas nur
90 cm breit gebaut werden?

Damit der Manta-Fahrer
auch rechts den Arm
raushängen kann.

Neuerdings gibt es Mantas
mit verstärkter Antenne …

… damit der ganze Fuchs
dranpasst.

Ups! Jetzt mit ABS. Dank Bremsschlupf.

Es ist eine nahezu geniale Erfindung und hat schon vielen Menschen das Leben gerettet: das Antiblockiersystem (ABS), auch »automatischer Blockierverhinderer« (ABV) und im englischen Sprachraum Anti-lock Brake System genannt. Sein Job: bei einem starken Bremsvorgang eine optimale Bremsverzögerung ohne Blockade der Räder und bei Erhalt der Lenkbarkeit zu erreichen. Für diese Funktion ist relevant, dass die Kontrolle durch einen idealen Bremsschlupfwert erreicht wird. Bremsschlupf? Bei 100 % dieses Werts blockieren die Räder, so viel steht fest. Spannend wird es bei (je nach Zustand von Fahrbahn und Reifen) 10 bis 25 % Bremsschlupf, denn dann ist eine maximale Bremsverzögerung zu erreichen, ohne dass die Räder blockieren. Das ABS sorgt dafür: durch regelmäßiges Senken und Anheben des Bremsdrucks während eines solch starken Bremsvorgangs.

Vorläuferideen zu den Antiblockiersystemen gab es bereits. Schon 1903 beantragte der Franzose Paul Hallot ein Patent für einen mechanischen Bremskraftregler für Eisenbahnfahrzeuge, 1928 dann ließ der Erfinder Karl Wessels ein Patent für einen Bremskraftregler eintragen. Am 12. Dezember 1970 schließlich erlebte das gemeinsam von Mercedes und Teldix entwickelte Antiblockiersystem der ersten Generation für Pkws, »Bendix«, seine Weltpremiere auf der Versuchsbahn in Untertürkheim. Das Prinzip überzeugte. Serienreif wurde das Antiblockiersystem dann erst in zweiter Generation im Jahr 1978 als eine von Mercedes mit Bosch entwickelte Variante; erschwinglich und Standard auch für kleinere Klassen war das ABS erst in den 1990ern.

Es werde Licht!

Einfach mal um die Ecke schauen – davor träumen wir noch heute. Automatisch um die Ecke leuchten – das erfanden die Entwickler der Automarke Citroën schon 1970. Beim auf dem Genfer Autosalon im März 1970 erstmals vorgestellten Citroën SM führten sie ein hydraulisch betätigtes Kurvenlicht ein, das neben dem Ausgleich von Nickbewegungen und Eintaucheffekten sogar eine Bewegung der Scheinwerfer um die Querachse möglich machte. Gemeinsam mit dem französischen Fahrzeugausstatter Cibié entwickelten sie Frontleuchten, die mit sechs Scheinwerfern ausgestattet waren und eine Bewegung der kompletten Leuchteinheit garantierten. Außen waren große kombinierte Fern- und Abblendscheinwerfer installiert. Mittig folgten breit streuende Abblendlichter, innen waren die jeweils der Lenkung nicht nur folgenden, sondern ihr sogar etwas vorausgehenden einschwenkenden Fernscheinwerfer positioniert. So wurde die ideale Kurvenausleuchtung eingeführt, die sogar das Kurvenende erfassen konnte. Das allererste Kurvenlicht ist bei einem Cadillac Type 57 von 1918 dokumentiert, Nachfolgepatente waren mit Seilzug an der Lenkung verbundene Entwürfe. Apropos Kurven: Der Citroën SM wurde übrigens nicht nur wegen seines Kurvenlichts, sondern auch wegen seiner eigenen Kurven zur Automobil-Ikone – geliebt wegen seiner unverwechselbaren Silhouette.

Tatort – der Beginn einer Fernsehära

Sie ist die älteste und vermutlich auch die bekannteste Krimireihe im deutschen Fernsehen: Dem »Tatort« fiebern seit 1970 regelmäßig Zuschauer und Fans auf dem heimischen Sofa entgegen. In einigen Städten gibt es am heute üblichen Ausstrahlungstermin sonntagabends sogar »Tatortklubs«, sozusagen Fernsehguckgemeinschaften, teilweise sogar mit Rahmenprogramm.

Der Tatort-Kult begann am 29. November 1970, als die allererste Folge mit dem Titel »Taxi nach Leipzig« ausgestrahlt wurde. Seit diesem Tag nur geringfügig angepasst, ist auch der markante Vorspann mit den Augen im Fadenkreuz das veritable Markenzeichen der Serie, inklusive der Musik von Klaus Doldinger. Fun Fact: Genau wie die allererste Folge

des Tatorts im Herbst 1970 hieß auch die 1.000ste Folge im Jahr 2016 »Taxi nach Leipzig«. Hier traten sogar, »mit einem Augenzwinkern für die Neuauflage«, mehrere Schauspieler der 1970er-Version in Nebenrollen auf. Die Fernsehserie ist geprägt von in der Regel je Folge abgeschlossenen Kriminalfällen an großstädtischen Drehorten. Inzwischen handelt es sich um etwa drei Dutzend Erstsendungen pro Jahr, die bis zu 10 Millionen Zuschauer erreichen. Viele Tatort-Folgen wurden mit Grimme-Preisen, dem Deutschen Fernsehpreis oder der Goldenen Kamera ausgezeichnet.

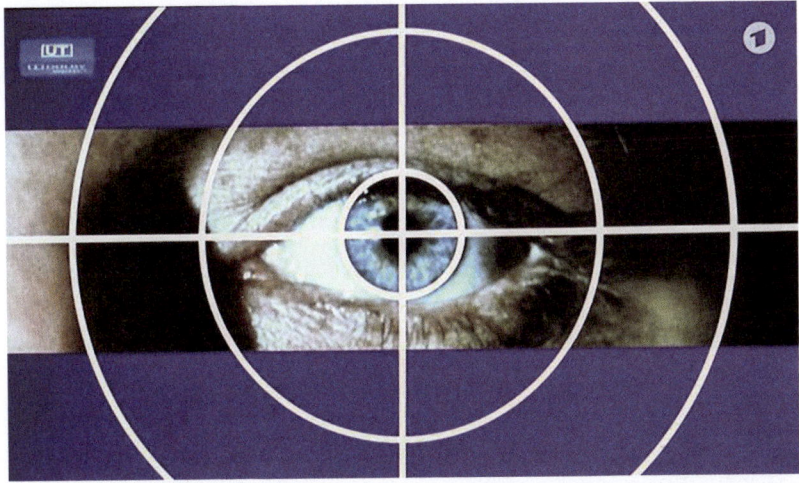

Seit der ersten Folge 1970 ging es darum, realitätsnahe Geschichten mit dem jeweiligen Kommissar oder Ermittlerteam im Mittelpunkt zu erzählen. Am 29. November 1970 war dies Hauptkommissar Paul Trimmel (dargestellt von Walter Richter). Konzipiert und erfunden wurde der »Tatort« vom Theaterwissenschaftler Gunther Witte (gest.2018), der nicht nur die Fokussierung auf die Ermittler legte, sondern auch auf die jeweilige regionale Färbung samt Dialekt und prägnanter Lokalkolorit-Kulisse der Städte und Regionen. Für Witte war seine Idee des Tatorts ein Experiment – eines, das zu einem noch immer andauernden Kult wurde.

Der Champion

»Du hörst nur noch den Motor schrei'n! Du hast nur noch die Bahn vor dir! Du weißt nur, du musst Erster sein ...« Dieses Lied von Udo Jürgens ist sicherlich nicht sein bekanntestes, die Lyrics umschreiben aber sehr gut, was in Rennfahrer Jochen Rindt, dem Udo Jürgens sein Lied »Champion« widmete, vielleicht vorging. »Rausch und Faszination ...« – sie machten Jochen Rindt zu einem tragischen Helden des Motorsports. Beim Abschlusstraining zum Großen Preis von Italien in Monza am 5. September 1970 überholte Jochen Rindt in seinem Lotus 72 den Wagen von Denis Hulme. Beim Herunterschalten in der Parabolicakurve brach offensichtlich die Bremswelle vorn rechts, er verlor das Vorderrad, das Fahrzeug raste mit über 200 Stundenkilometern in die Leitplanken, überschlug sich und zerbrach.

Monate zuvor hatte Jochen Rindt eine unbeabsichtigt vorausschauende Aussage getroffen: »Bei Lotus kann ich entweder Weltmeister werden oder sterben ...« Mit beidem behielt er recht, denn der 28-Jährige starb bei dem tragischen Unfall im September 1970. Postum wurde ihm allerdings der Formel-1-Weltmeistertitel zugesprochen, da kein anderer Fahrer seinen vor dem Unfall erlangten Punktestand erreichen konnte. Der Champion – auch nach seinem Tod.

Ein sehr spezielle Urne

Dass man von Kartoffelchips gar nicht genug bekommen kann, weiß jeder, der schon mal versucht hat, wirklich nur einen einzigen zu essen. Chips machen süchtig, und sie sind extrem empfindlich. Ihre Bruchanfälligkeit bewog den Chemiker und Verpackungstechniker Frederic J. Baur dazu, eine neue Umverpackung zu erfinden, mit der, anders als in den üblichen Folienbeuteln, die knusprigen und zugleich sehr fettigen Knabbereien besser transportiert und wiederverschließbar aufbewahrt werden konnten.

1966 entwarf Baur die Frische garantierende, wiederverschließbare, Schäden vermeidende und einzigartig gestaltete Dose, bestehend aus einer Papphülse mit einer dünnen Schicht Aluminium, einem Metallboden und einem Plastikdeckel. In dieser Dose, die sich Erfinder Baur 1970 patentieren ließ, waren die sattelförmigen, stapelbaren Chips fast unzerstörbar aufgehoben, und die Pringles-Dose hat sich seit ihrer Premiere kaum bis gar nicht verändern müssen.

Insgesamt gab es im Laufe der Jahre gut 100 Geschmacksrichtungen in 100 Ländern – ikonengleich hat sich Pringles zu einer der größten Chipsmarken der Welt entwickelt, die unterschiedlichen Dosen haben die Sammelleidenschaft der Liebhaber der Knabbereien geweckt. Der größte Fan dieser Dose war aber wohl ihr Erfinder selbst: Frederic J. Baur bekam einfach nicht genug davon. Er starb im Mai 2008 und ließ einen Teil seiner Asche in einer seiner Pringles-Dosen bestatten.

Porsche: der Durchbruch bei Le Mans

Ein ganz besonderer Tag für das Automobilunternehmen Porsche war der 14. Juni 1970, denn an diesem Sonntag errang Porsche beim 24-Stunden-Rennen von Le Mans den bis dahin größten Erfolg der Marke. Mit dem Überqueren der Ziellinie des mit der Startnummer 23 gestarteten Fahrzeugs war nach 343 Runden der Sieg des von Porsche Salzburg gemeldeten rot-weiß-roten 917 K gesichert. Die 24-Stunden-Rennorgie von Le Mans insgesamt wurde 1970 zur reinsten Ausfallserie. Einsetzender Regen sorgte für verschiedene Turbulenzen, bis schließlich das Team von Porsche KG Salzburg mit dem Briten Richard Attwood und dem 42-jährigen Deutschen Hans Herrmann am Steuer sowie ihrem Siegerauto, einem Porsche 917 Kurzheck-Coupé mit der Startnummer 23, gewann. Der Wagen ist noch heute im Porsche-Museum in Zuffenhausen zu bestaunen. Den zweiten Platz belegten Gérard Larrousse und der Deutsche Willi Kauhsen als Martini-Team mit einem Porsche 917 L. Ein Doppelsieg für Porsche also, das wäre zuvor auch in den kühnsten Träumen niemals denkbar gewesen.

Und selbst der dritte Platz ging an Porsche: Ein von zwei Österreichern gefahrener Porsche 908 2L des Martini-International-Teams machte das Triple komplett. Übrigens: Porsche ist heute der erfolgreichste Hersteller mit den meisten Siegen in Le Mans.

Im 24-Stunden-Rennen von Le Mans wurden 1970 auch Szenen für den Hollywood-Blockbuster »Le Mans« gedreht. Zwar durfte Koproduzent und Hauptdarsteller Steve McQueen nicht wie gewünscht selbst in einem Porsche 917 mitfahren, aber authentisches, in einem offenen Porsche 908 mit drei Kameras eingefangenes Material wurde nachher tatsächlich in den Film über das Rennen integriert. »Le Mans« wurde im Herbst 1971 uraufgeführt, floppte aber gewaltig. Die für diese Zeit rasanten Bilder mit schnellen Schnitten und krassen Rennaufnahmen waren spektakulär, den Zuschauern war es wohl aber doch zu wenig Story und Dialog: In den ersten 38 Minuten des Films wird von den Darstellern kein einziges Wort gesprochen. Ein gutes Thema, starke Bilder, aber eindeutig zu wenig Story-telling.

Apropos Autos

Neben dem sagenumwobenen Opel Manta, dem neuen Antiblockier-system und dem Gadget des hydraulischen Kurvenlichts gab es 1970 im Kraftfahrzeugbereich natürlich noch weitere Neuerungen, Tops und Flops:

Der **Lamborghini Miura Jota** etwa war ein Einzelstück und wurde nur zu Testzwecken produziert. Der rennsportbegeisterte Testfahrer Bob Wallace übernahm die Regie, eingesetzt wurden viele Teile aus Alumini-

um, die Seitenscheiben waren aus Plexiglas. Der Jota war mehr als 400 Kilogramm leichter als der Standard-Miura und erreichte so heraus-ragende Beschleuni-gungsleistungen und eine Spitzengeschwin-digkeit von mehr als 300 Kilometern in der Stunde. Ein Highlight war auch die Tanklösung: Zwei jeweils 60 Liter fassende Tankbehälter befanden sich nämlich in den Fahrzeugtüren. Wie gesagt, ein Einzel-stück, übrigens in modischem Rot-Orange.

In vier Karosserieversionen machte sich ab 1970 der **Peugeot 304**, ein Pkw der unteren Mittelklasse, auf den Weg durch die Straßen. Das italienische Design aus dem Hause Pininfarina kam als

viertürige Stufenheckli-mousine, als dreitüriges Kombicoupé, als zwei-türiges Cabriolet und als fünftüriger Kombi und dreitüriger Kasten-wagen daher, die Modelle wurden bis zu zehn Jahre lang gebaut.

Markant: Vom Vorgängermodell Peugeot 204 unterschied sich diese Serie unter anderem durch eine eckigere Front, »Löwenmäulchen« genannt. Und es wird noch niedlicher: Der Knauf der Lenkradschaltung wurde wegen seines Aussehens »Hundenase« getauft.

Der **Chevrolet Vega** war der erste Kleinwagen der Marke General Motors und sollte als »Frauenauto« in die Geschichte eingehen. Produziert ab dem 26. Juni 1970, sollte dieser Wagen dank seiner Konstruktion nicht nur horizontal gelagert, sondern etwa auch auf Autozügen in Reihe hängend transportiert werden können. Möglich machten das speziell positionierte Einfüllklappen der Batterien, Ölschwallbleche am Motor und Modifikationen am Tank. Diese Fahrzeuge wurden in einem unglaublichen Tempo von bis zu 100 Stück pro Stunde produziert, das gehörte zu dieser Zeit zu den Spitzengeschwindigkeiten der Branche. 1977 wurde die Produktion eingestellt.

Im exakt selben Zeitraum (1970 bis 1977) wurde der **Alfa Romeo Montreal** gebaut. Das Sportcoupé war auf der Weltausstellung 1967 in Montreal erstmals vorgestellt und dann entsprechend benannt worden. Markant waren etwa die von Lamellenblenden halb verdeckten Scheinwerfer, die beim Einschalten der Beleuchtung abklappten. Insgesamt wurden nur weniger als 4.000 Stück produziert. Der Wert der noch im Umlauf befindlichen Liebhaberstücke steigt daher ständig.

Auch Volkswagen präsentierte 1970 ein neues Modell: Der **VW K 70** war der erste VW mit Frontreihenmotor und einer Wasserkühlung und der erste in Serie gebaute Volkswagen mit Frontantrieb. Entwickelt wurde der Wagen damals allerdings von NSU und sollte für diesen Hersteller auch schon auf dem Genfer Autosalon präsentiert werden. Im September 1970 kam er auf den Markt und markierte den Beginn einer neuen Fahrzeugtechnik bei Volkswagen, die bis dahin ausschließlich Fahrzeuge mit luftgekühlten Heckmotoren gebaut hatten. Die Erstpräsentation fand in Port Grimaud statt: 49 flammend neue VW K 70 wurden dort unter anderem der Presse präsentiert. Vom VW K 70 wurden insgesamt 211.000 Exemplare gebaut.

Die Ära der Geländewagen – eine Fahrzeugklasse, die heute selbst aus dem urbansten Stadtverkehr nicht mehr wegzudenken ist – entwickelte sich 1970 weiter: Land Rover stellte im Sommer dieses Jahres den **Range Rover** vor, einen Vorreiter einer Reihe nachfolgender luxuriöser Geländewagen der 1970er-Jahre und auch der zahlreichen heute erhältlichen SUVs. Der permanente Allradantrieb, eine Schraubenfederung und der 3,5-Liter-V8-Motor weckten gleich bei der Vorstellung am 17. Juni 1970 Begehrlichkeiten. Fun Fact: Der Range Rover landete kurz nach seiner Premiere sogar im Louvre – als ein Paradebeispiel für Industriedesign.

Trampeln, trampeln, trampeln

Ein Rennwagen für die Jüngsten, das war die Idee des deutschen Unternehmens Kettler, das im sauerländischen Ense-Parsit das kultige Tretauto einer neuen Generation entwarf. Der Name: Kettcar – eine Verbindung aus dem Firmennamen Kettler und dem englischen Begriff »car« für Auto. Firmengründer Heinz Kettler hatte sich von amerikanischen Kindern inspirieren lassen, die er bei einer USA-Reise mit ihren Seifenkisten beobachtet hatte. Diese Eindrücke überführte er in die Welt des von ihm verehrten Motorsports. Natürlich vereinfacht und für Kinder nutzbar: Sitz, Räder, Lenkrad, Tretkurbel, Pedale und Kette. Viel mehr war es nicht. Vorgängermodelle ab 1962 waren

puristisch, dem Namen nach aber »Super«, »Luxe« oder »Luxus«. 1970 kam schließlich das »Original Kettcar« auf den Markt. Ganze Kindergruppen konnten sich mit nur einem Kettcar beschäftigen. Anschieben, stehend mitfahren, hinterher-, nebenher- oder davorherlaufen und natürlich trampeln, trampeln, trampeln – das waren Zeiten, als das mehr oder weniger ungeplante Spiel mit Bewegung an der frischen Luft für die Drei- bis Zwölfjährigen noch an der Tagesordnung war. Muskulatur und Motorik waren das eine, Leidenschaft für Geschwindigkeit und ein Hauch von Rennerfahrung schwangen wohl auch mit, wenn Kettcar-Rennen in Hinterhöfen und auf Spielplätzen ausgetragen wurden.

Bereits zweimal musste das Unternehmen 2015 und 2018 Insolvenz anmelden, 2019 erfolgte der Neuanfang mit einem Investor. Das Kettcar, von dem bis heute mehr als 15 Millionen Exemplare verkauft wurden, ist eine Ikone – selbst für Supermotorsportler: Der Formel-1-Weltmeister Sebastian Vettel wurde 2010 zum Sportler des Jahres gewählt. Die Bühne verließ er auf vier Rädern: mit einem Kettcar.

Klapp das Rad!

Lange bevor flexiblere Mobilität zum politischen und ökologischen Thema wurde, entwickelte sich die Klappradtechnik. Patentiert wurde sie bereits 1878 nach Ideen des Briten William Grout, der ein Hochrad mit Vollgummireifen konstruierte, das sich in vier Segmente zerlegen ließ, die in einem dreieckigen Koffer Platz fanden, doch die wirkliche Klappradwelle kam erst viel später. 1970 schließlich lautete die Neuentwicklung »Bickerton«. Der Flugzeugingenieur Harry Bickerton präsentierte das nach ihm benannte Rad mit Aluminiumrahmen ohne Schweißnähte. Er wollte öffentlichen Verkehr und Individualverkehr mit einer bequemeren, gesünderen und kostengünstigeren Erfindung revolutionieren. Warum? Nach einem Autounfall musste er mehrere Jahre auf das Selbstfahren von Autos verzichten. Die meisten Menschen hätten die Einschränkung stillschweigend ertragen, nicht so Mister Bickerton. Er fing an zu tüfteln, wie er seine Mobilität verbessern könnte – ohne Auto zu fahren. Sein Fahrzeug sollte leicht und gut zu transportieren sein, und es sollte (das war eine persönliche Challenge) in den Kofferraum eines Austin Mini passen. Bevor er das Klapprad neu etablierte, hatte er unzählige andere Erfindungen im Sinn, um die Tür-zu-Tür-Mobilität in Zeiten, in denen Menschen sogar zum Mond reisten, noch optimaler zu gestalten. Seine Visionen reichten von gummigetriebenen Rollerskates über aufblasbare Einmannballons bis schließlich zur Alufaltradvariante Bickerton Portable: leicht genug, um an einen Kleiderhaken gehängt zu werden, und klein genug, um quasi unter den Arm geklemmt zu werden – mit einem aus Konstruktionsgründen etwas unhandlichen Chopper-Lenker versehen und dem daraus resultierenden kleinen Handicap, dass man dieses Rad eigentlich nur beidhändig lenkend fahren konnte. Eine freihändige Fahrweise war definitiv nicht möglich! Was aber am meisten überraschte: Dieses Rad war extrem gut fahrbar, auch auf unwirtlichem Untergrund, am Hang oder im Gelände. Gut eine halbe Million der Klappräder, die dem Fahrer eine ungewöhnliche, aber beinahe elegante Haltung verliehen, verkaufte Harry Bickerton in den ersten knapp 20 Jahren. Nachdem

Bickerton senior sein Geschäft an seinen Sohn Mark (der uns persönlich das Bildmaterial dieser Seite zur Verfügung gestellt hat) weitergegeben hatte, setzte Bickerton senior sich in einer Gartenwerkstatt in Dorset zur Ruhe und widmete sich ganz seinem Hobby: »Erfinden«.

Sag mir,
wie du heißt …

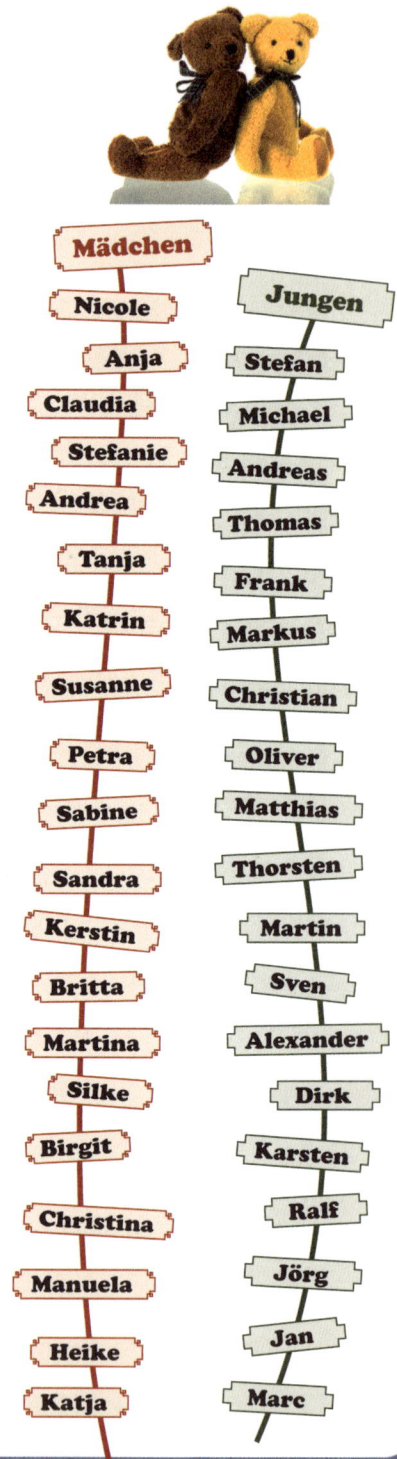

… und ich sage dir, ob du ein Kind des Jahrgangs 1970 bist! Wie in jedem Jahr gab es auch in diesem besonders beliebte Vornamen für die in diesen zwölf Monaten in Deutschland geborenen 1.047.737 Mädchen und Jungen. Übrigens: Der Name Nicole begann in diesem Jahr eine Erfolgsserie: Gleich vier Jahre lang führte er die Rangliste der Mädchennamen an.

Hier die jeweiligen »Top Twenty« der Vornamen für die 1970 geborenen Kinder.

Die Geburt eines Kindes war zu diesem Zeitpunkt in der Regel übrigens noch ein »medizinisches« Ereignis, und der Vater spielte fast keine Rolle. Er harrte meist auf und ab gehend vor dem Kreissaal aus (wenn er überhaupt während der Geburt im Krankenhaus blieb). Hausgeburten waren damals in Deutschland eher ungewöhnlich.

Das Durchschnittsalter der erstgebärenden Mütter lag zu dieser Zeit bei etwa 24 Jahren (beim zweiten Kind durchschnittlich bei 27, beim dritten bei 30 Jahren), in den Folgejahren und -dekaden stieg das Alter der Mütter bei Geburten ständig an. Auf den Babyboom der 1950er- bis 1970er-Jahre folgte der sogenannten Babybust (der Rückgang der Geburtenziffer), der bis heute anhält.

Mädchen	Jungen
Nicole	Stefan
Anja	Michael
Claudia	Andreas
Stefanie	Thomas
Andrea	Frank
Tanja	Markus
Katrin	Christian
Susanne	Oliver
Petra	Matthias
Sabine	Thorsten
Sandra	Martin
Kerstin	Sven
Britta	Alexander
Martina	Dirk
Silke	Karsten
Birgit	Ralf
Christina	Jörg
Manuela	Jan
Heike	Marc
Katja	

fischertechnik – jetzt mit Auszeichnung!

Eigentlich war fischertechnik 1965 einmalig als Weihnachtsgeschenk für die Kinder der Kunden des Unternehmens von Artur Fischer gedacht. Aber weil die Konstruktionskästen so gut ankamen, produzierte er zu Weihnachten 1.000 Kästen als Charity-Aktion: Der Erfinder spendete sie der Aktion Sorgenkind. 1966 wurde fischertechnik offiziell am Markt eingeführt und auf der Spielwarenmesse vorgestellt. Bereits zwei Jahre später entstand der fischertechnik-Fanclub mit eigener Fanzeitschrift, die die Nutzer über Neuerungen auf dem Laufenden hielt – Kundenbindung at its best. Das Konstruktionsspielzeug mit den miteinander verbindbaren Elementen wurde so beliebt, dass es 1970 in

Frankreich die begehrte Auszeichnung für Spielzeuge erhielt, den »Oscar du Jouet«. Herr Fischer freute sich über die Belobigung bei der Überreichung der Urkunde: »Ihr Spielzeug ist eins der schönsten der Welt.« 1970 verfügten die fischerwerke allein in Deutschland über vier Produktionsstätten mit über 1.000 Mitarbeitern. Ihr »Konstruktionsspiel ohne Grenzen« (so der Katalogtitel des Jahres) brachte 1970 neue »Ausbaukästen« auf den Markt. Damit war der Bau von Brückenkonstruktionen, Kranwagen und Ähnlichem möglich. Auch Details wie Antriebskette, Kardangelenk, Seiltrommel mit Klemmringen, Handkurbel, Getriebehalter, Seil, Voltmeter und Federwaage waren inzwischen erhältlich.

In diesem Jahr wurde auch eine zweite Linie präsentiert: »fischertechnik hobby 1«. Das hobby-Programm ließ sich mit den Bausteinen und Elementen der regulären »fischertechnik« (so die als Markenname entwickelte Schreibweise) kombinieren. Diese Produktrange war auf Erwachsene ausgelegt, die die fischertechnik-Verantwortlichen (schlau waren sie!) als neue Zielgruppe in Angriff nehmen wollten. Ein pfiffiger Schachzug, vielfach fanden sich nun Väter und Söhne (und wir hoffen auch Mütter und Töchter!) gemeinsam fischertechnik bastelnd am Sofatisch wieder.

Ein Spiel für Superhirne

Ja, »unser Jahr« war das Jahr der Technisierung und des Gefühls, dass vermutlich alles durch computerisierte Rechenleistung optimiert werden kann. Diese Erkenntnis brachte jedoch auch analoge Spielformen hervor, die einfach auf dem Coding-Ansatz basierten. Der in Frankreich lebende israelische Telekommunikationsprofi Mordechai (genannt Marco) Meirovitz erfand 1970 das Steckspiel Mastermind, ein Logik-Game für zwei Spielerinnen oder Spieler, das in Deutschland auch unter den Namen Superhirn, Variablo, LogikTrainer und Super Code (Letzteres in der DDR) bekannt wurde. Es ging darum, mithilfe farbiger Stifte, die in ein mit kleinen Löchern versehenes Brett gesteckt wurden, Kombinationen nachzuvollziehen und auszutüfteln. Das Spiel war empfohlen für Spieler ab acht Jahren, zog aber auch Erwachsene in seinen Bann.

Bei diesem Spiel legte der Codierer (Spieler 1) zu Anfang durch verdecktes Einstecken farbiger Stifte eine vierstellige Farbfolge fest, die aus insgesamt sechs Farben ausgewählt wurde. Auch die Mehrfachbesetzung einzelner Farben war möglich. Der zweite Spieler war Ratender bzw. Schlussfolgernder. Er begann seine Züge durch Einstecken einer eigenen beliebigen Farbfolge, die er im ersten Zug blind riet. Dann verteilte Spieler 1 weiße und schwarze Hinweisstifte und gab so seinem Gegenspieler Tipps dazu, welche Farben und Positionen bereits übereinstimmten. Ziel von Spieler 2 war es, mit möglichst wenigen Zügen den von Spieler 1 gesetzten Farbcode zu ermitteln.

Nachdem Meirovitz sein Spiel zunächst erfolglos bei verschiedenen Unternehmen präsentiert hatte, wurde es 1971 auf der Nürnberger Spielwarenmesse vorgestellt. Der englische Unternehmer Edward Jones-Fenleigh kaufte die Rechte und veröffentlichte das Spiel. 1973 wurde Mastermind als erstes »Game of the Year« ausgezeichnet, nachdem die British Association of Toy Retailers seit 1965 jedes Jahr ein »Toy of the Year« ausgelobt hatte.

Mastermind (was übersetzt so viel heißt wie kreativer Vordenker) entwickelte sich zu einem der erfolgreichsten Brettspiele der 1970er-Jahre, bis zum Jahr 2000 wurden in 80 Ländern über 55 Millionen Spiele verkauft.

Natürlich erschien auch eine elektronische, batteriebetriebene Variante des Spiels. Heute ist das sogenannte Deduktionsspiel (von deducere, lat. »heranführen«, so werden alle Spiele genannt, in deren Verlauf die Spieler mittels logischer Schlussfolgerungen zum Ziel kommen müssen) natürlich auch online am Computer zu spielen – auch gegen die allseits gefürchtete oder zuweilen sogar verehrte künstliche Intelligenz.

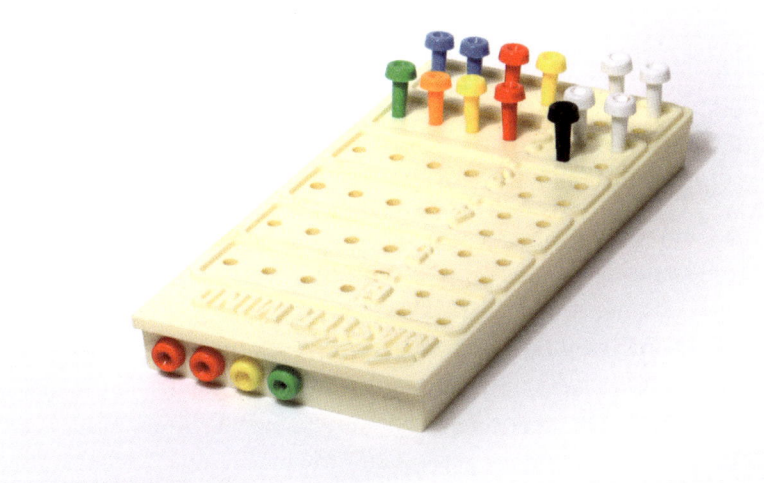

Telstar – der Beginn einer Ära

Der Ball ist rund. Das wissen wir spätestens nach dem Ausspruch von
Sepp Herberger, dem früheren Fußballbundestrainer unter anderem
der Fußballweltmeisterelf von 1954. (»Der Ball ist rund, und das Spiel
dauert 90 Minuten.«) Doch ein Fußball, insbesondere ein WM-Spiel-
ball, ist nicht einfach nur irgendeine Kugel, sondern kann zur Legende
werden. 1970 war das Jahr einer Fußballweltmeisterschaft, die vom 31.
Mai bis zum 21. Juni 1970 in Mexiko stattfand und damit nach den zwei
Jahre zuvor dort gefeierten Olympischen Spielen die zweite große Sport-
veranstaltung in Mexiko überhaupt war. Erstmals standen sich bei dieser
neunten Ausspielung des Turniers der Nationalmannschaften im Finale
zwei frühere Weltmeister, Brasilien und Italien, gegenüber. Brasilien
gewann das Endspiel und wurde Weltmeister, Italien wurde Zweiter.
Deutschland wurde bei dieser WM zwar »nur« Dritter, der Deutsche
Gerd Müller errang bei der Fußball-WM 1970 mit zehn Toren allerdings
den Titel des Torschützenkönigs, sein Teamkollege Uwe Seeler teilte
sich mit drei Turniertoren den sechsten Platz dieser Rangliste mit dem
Italiener Luigi Riva und dem Brasilianer Rivelino.

Der Ball, um den bei dieser WM gerungen wurde, war zum ersten Mal
ein Produkt aus dem Hause Adidas – der Telstar. Die FIFA selbst hatte
die Organisation des WM-Spielballs übernommen (eine Premiere!) und
Entwurf sowie Produktion an den deutschen Hersteller vergeben. Der
Ball bestand vollständig aus Leder und stellte mit dem Namen »Telstar«
eine Verbindung zum ersten Telekommunikationssatelliten »Telstar«
her, der damals für weltweite Fernsehübertragungen und Telefon-
verbindungen sorgte. Die Ballfarbgebung in Schwarz-Weiß diente der
besseren Sichtbarkeit im Schwarz-Weiß-Fernsehen und gilt als Design-
Ikone. Der Telstar war der erste Spielball, der als »Ikosaederstumpf«
aufgebaut war, ein vielflächiger Fußballkörper mit abgestumpften Ecken.
Seine Struktur aus 20 weißen Sechsecken und zwölf schwarzen Fünf-
ecken war eine Revolution. Das einfache, aber sehr markante Design
ist noch heute das in Illustrationen, Dekorationen, Emojis und Signets
verwendete Bild eines »typischen Fußballs«. Seit 1970!

Der WM-Ball der Fußball-WM 2018 in Russland war übrigens eine Weiterentwicklung dieses ersten, aus dem Jahr 1970 stammenden Adidas-Telstar: Der offizielle Spielball »Telstar 18« mit goldenen Schriftzügen verfügte jedoch unter anderem über einen integrierten NFC-Chip, der es Fans ermöglichte, via Smartphone personalisierte Daten abzurufen und mit einer Community in aller Welt zu interagieren. Von Gadgets wie diesem konnte 1970 zwar noch keine Rede sein, der Look des 2018er-Balls erinnert allerdings stark an das 48 Jahre zuvor entwickelte Telstar-Ursprungsmodell, das den Beginn einer Ära einleitete: Adidas produziert die WM-Spielbälle seit Einführung des allerersten Telstar 1970 bis heute ununterbrochen.

Laufen, ohne zu schnaufen

Den Deutschen ging es Ende der 1960er-Jahre gut, sehr gut sogar. Der Krieg war in den Hintergrund getreten, das Wirtschaftswunder hatte Fahrt aufgenommen und so manchem auch Geld und einen Wohlstandsbauch gebracht. Plötzlich fuhr man immer mehr Wege mit dem Auto, und zum Essen gab es auch mehr als genug. Das Ergebnis: eine Viertelmillion Herzinfarkte im Jahr und Phänomene wie Übergewicht. Das wirkte sich auf die allgemeine Verfassung aus und rief die Krankenkassen auf den Plan: Bewegung tat not. So wurde am 16. März 1970 die Trimm-Dich-Kampagne lanciert.

Frei nach dem Motto »Trimm Dich durch Sport« wurde über Sportverbände und Vereine Motivation ausgesprochen, aber nicht nur über diese Institutionen, sondern vor allem schwellenarm mit direkter Bürgeransprache – vom Kleinstkind bis zum Senior. Es ging darum, einer leichten sportlichen Betätigung nachzugehen, um Herz-Kreislauf-Erkrankungen vorzubeugen. Motivations- und die Identifikationsfigur für jedermann war »Trimmy«, ein sympathisches Strichmännchen des Illustrators Dieter Siehler, das sich schon nach kurzer Zeit einer großen Bekanntheit erfreuen durfte.

Auch wenn der erste Fitnesspfad Deutschlands (liebevoll »Schweißtropfenbahn« genannt) schon 1962 an Münsters Sentruper Höhe installiert worden war: Die Zeit der Trimm-Dich-Parcours kam mit dem Trimm-Trend 1970. Auf Drei- bis Vier-Kilometer-Rundwegen mit Laufstrecke und Übungsstationen wurde zu Slaloms, Bocksprung, Klimmzug & Co. angeregt – meist in diesem Rhythmus: 200-Meter-Lauf – Turngerät – 200-Meter-Lauf und so fort. Auf hellblauen Tafeln war mit kleinen Anleitungen angegeben, wie die einzelnen Stationen zu beturnen waren: leicht nachzuahmen und für jeden Willigen verständlich, bei Wind und Wetter und ohne Eintritt oder Zeitplan.

An den Trimm-Dich-Trend des Jahres 1970, dessen Kampagne offiziell erst 1994 eingestellt wurde, knüpfen heute Outdoor-Fitnessgeräte an, die nicht mehr im Rundparcours mit Laufstrecken dazwischen, sondern kumuliert an einer Stelle, häufig in Parks, installiert sind. Sie sollen unter anderem die entsprechend der Bevölkerungspyramide immer größer werdende Gruppe der immer älter werdenden Senioren mobilisieren. Es dürften einige darunter sein, die sich schon 1970 bei der ersten Trimm-Dich-Welle warmgeschwitzt haben.

Quadratisch. Praktisch. Gut.

Gegründet wurde das Familienunternehmen Ritter bereits 1912. Mit Schokoladen und Zuckerwaren starteten Alfred Eugen und Clara Ritter, geborene Göttle, in Stuttgart Bad Canstatt – hier legten sie den Grundstein und produzierten und verkauften die ersten Ritter-Schokoladen. Dass ihre Schokolade zum einzigartigen Quadrat wurde, war bereits eine Vorkriegserfindung von 1932, die Idee dazu hatte Clara Ritter. Das Schokoladenwerk war nämlich neben einem Sportplatz angesiedelt. Und zu den Sportveranstaltungen erschienen die Herren stets im »Sportsakko«. Der Clou war: eine Schokolade zu produzieren, die bei klassischem Tafelgewicht, ganz praktisch gedacht, in jede Tasche eines Sportjackets passt, ohne zu zerbrechen. Der Name: »Ritter's Sport Schokolade«. In zweiter Generation entschied sich Gründersohn Alfred Otto Ritter 1960 sogar für eine Konzentration auf das unverwechselbare Schokoladenquadrat – Saisonartikel, Hohlfiguren, Pralinen und die handelsüblichen Langschokoladen wurden aus dem Sortiment gestrichen.

1970 war ein besonders wichtiges Jahr für das Familienunternehmen: Der Schokoladenproduzent mit dem markanten Tafelformat erlangte nationale Bedeutung. Die Einführung der innovativen Ritter Sport Joghurt, der ersten Joghurtschokolade überhaupt, und die Premiere bundesweiter Fernsehwerbung brachten nämlich den landesweiten Durchbruch. Der einprägsame Slogan »Quadratisch. Praktisch. Gut.« der Marke trat seinen Siegeszug an. Lecker!

Jetzt kommt Multimedia – Trend der Expo 70

Multimedia – der Traum vom Verknüpfen der Techniken – wurde 1970 bei der ersten Weltausstellung in Japan, die zugleich auch die allererste Weltausstellung auf dem asiatischen Kontinent war, als machbare Vision präsentiert. Multimedia anno 1970 ist natürlich nicht mit dem zu vergleichen, was wir heute darunter verstehen. Aber: Gemessen an den Maßstäben von damals war es eine Revolution. Projektionen von Filmen und Lichtbilddias gab es hier mit Untermalungen von Ton. Das Ganze fand an festen, aber auch bewegten Hintergründen, Leinwänden und anderen Flächen statt. Zu dieser Zeit unglaubliche 360-Grad-Projektionen verdrehten den Messebesuchern buchstäblich die Köpfe, und als Krönung galt der deutsche Pavillon, der sogar direkt als Kugelauditorium angelegt war: In der Rundumebene ermöglichte die spezielle Anordnung von extrem vielen Lautsprechern eine fast magische dreidimensionale Wiedergabe von Musik-, Licht-, Effekt- und Tonkunst. Das Konzept für diesen bahnbrechenden Pavillon hatten Otto Piene, deutscher Lichtkünstler der Gruppe ZERO, und Karl-Heinz Stockhausen, einer der bedeutendsten Komponisten des 20. Jahrhunderts, gemeinsam erdacht. Ein multimediales Übergreifen der Kulturdisziplinen. Diese Expo in einem Vorort von Osaka entwickelte sich zu einer der größten und bestbesuchten der inzwischen über zwei Dutzend Weltausstellungen jemals.

Die Expo 70 fand vom 15. März bis 13. September 1970 in Suita statt. 77 Länder ließen sich durch über 1.000 Aussteller repräsentieren, fast 65 Millionen Besucher wurden in dem halben Jahr der Ausstellung auf der 330 Hektar großen Ausstellungsfläche gezählt. Das Motto der Veranstaltung, »Fortschritt und Harmonie für die Menschheit«, zielte neben der technischen Entwicklung auch erstmals auf eine nicht unerhebliche Begleiterscheinung ab: Die durch technische Neuerungen möglicherweise entstehenden Nachteile für den Menschen wurden zaghaft kritisch mit betrachtet.

Und damit die Besucher alle Aspekte der Weltausstellung in kürzester Zeit begutachten konnten, wurden sie standesgemäß in gläsernen Gondeln, auf Laufbändern, rollenden Wegen und rotierenden Untergründen von Highlight zu Highlight bewegt. Mit Licht und Ton war das wohl schon Multimedia pur.

Pädagogisch wertvoll

Zunächst für Therapiezwecke und als Anregung für die Sinne von Kindern in Behinderteneinrichtungen gedacht: So waren die Rupfenfiguren gestaltet, die die 1945 geborene Spielzeugdesignerin Renate Müller 1970 im südthüringischen Sonneberg entwarf. Dass dort Produkte wie diese entstanden, sollte uns nicht verwundern: Das fränkisch geprägte Städtchen ist noch heute als Spielzeugstadt bekannt. Nasi Nashorn, ein mit Holzwolle gefülltes Rhinozeros aus grobem Jutestoff, kombiniert mit buntem Leder, förderte allerdings nicht nur die Tastsinne von Kindern, sondern schaffte es Jahrzehnte später sogar als Rarität bis ins Museum of Modern Art in New York.

Auch mehrere New Yorker Galerien entdeckten im Laufe der Zeit die Werke der Designerin für sich und stellten sie aus. Erstmals der Öffentlichkeit präsentiert wurde Nasi Nashorn, gefertigt nach Müllers Entwürfen in der Spielzeugfabrik ihres Vaters, auf der Leipziger Herbstmesse 1967. Dort wiederum wurden die Objekte von Ärzten entdeckt, die sie für therapeutische Zwecke in der Kinderorthopädie und -psychiatrie einsetzen wollten. Der Clou waren die damals ungewöhnlichen Materialkontraste als Tastflächen und zudem die Motivation, an den Nashörnern zu turnen, sich aufzurichten und diese in jederlei Hinsicht zu »begreifen«. Neben Nasi Nashorn entstanden unter anderem auch ein Schaukelwal, ein Krokodil und eine Schildkröte, die bis heute sehr begehrte Sammlerstücke sind – sie werden im Internet hochpreisig gehandelt.

Die erste Digitaluhr der Welt

Eigentlich begann diese Geschichte 1957, als die Hamilton Watch Company die weltweit erste Armbanduhr mit Batteriebetrieb vorstellte. Dieses revolutionäre Uhrenkonzept prägte eine grundlegende Änderung in der »tragbaren« Zeitmessung seit fast 500 Jahren, indem die Triebfeder durch ein winziges Energiemodul ersetzt wurde. In den 1960er-Jahren wurde das Verfahren fortgesetzt und weiterentwickelt. Schließlich wurden Quarzkristalluhren entwickelt, die eine verbesserte Genauigkeit boten. Sie erforderten jedoch immer noch mechanische Maßnahmen, um die Uhrzeiger zu bewegen.

Am 6. Mai 1970 stellte Hamilton schließlich Pulsar vor – einen ersten »Armbandcomputer«, mit dem die Zeit bestimmt werden konnte. Durch den Einsatz von Halbleiterelektronik und Computerlogikschaltkreisen machte Pulsar den Einsatz von Uhrzeigern oder beweglichen Teilen überflüssig und bot so unübertroffene Genauigkeit, Haltbarkeit und Zuverlässigkeit. Eine Silber-Zink-Batterie trieb die Uhr an.

Die Pressekonferenz zu dieser Neuvorstellung fand im Four-Seasons-Hotel in New York statt und fand großes Echo: Unter anderem wurde die Pulsar in diesem Jahr im Popular Science Magazine vorgestellt. Ab 1971 wurde sie auch gehandelt und für 1.500 Dollar pro Stück angeboten.

Apropos Uhren: 1970 war auch das erste Jahr der deutschen Quarz-Armbanduhr: Seit 1967 hatten die Junghans-Entwickler daran gearbeitet, jetzt war es an der Zeit, Geschichte zu schreiben: 1970 wurde die Vorserie der »Astro-Quartz« präsentiert und kam für etwa 800 DM auf den Markt, ab 1972 ging das Kaliber W666.02 in Serienfertigung.

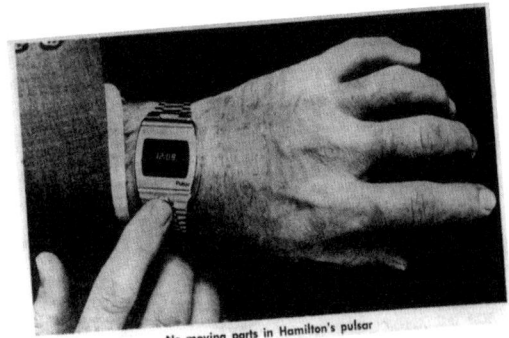

No moving parts in Hamilton's pulsar

Der Pocketronic

Schon lange hat man sich auch mobil beim Rechnen helfen lassen: Waren es zunächst mechanische Hilfsmittel (wie etwa der Abakus mit verschiebbaren Kugeln), wurde der Weg zum elektronischen Taschenrechner in den 1950er-Jahren bereitet. Im Juli 1958 war es Texas Instruments bereits gelungen, integrierte Schaltkreise zu bauen, ebendort entstand dann 1967 der erste miniaturisierte Rechner als Prototyp: Das batteriebetriebene Gerät in einem Aluminiumgehäuse wurde mit Computertasten bedient. Eingebaut war ein Drucker, der auf Thermopapier seitlich auslaufend Ergebnisse ausdruckte. Gemeinsam mit Canon entwickelte Texas Instruments dann den Canon Pocketronic, der im April 1970 in Japan auf den Markt kam, einige Monate später, im Herbst, auch in den USA erhältlich war und im Oktober 1970 auf der Bürofachausstellung »Büro 70« in Düsseldorf vorgestellt wurde. Nun war das Gerät mit einem Plastikgehäuse versehen und ging so als der erste serienmäßige Batterietaschenrechner in die Geschichte ein. Die US-Fachpresse (»Electronics«) sprach damals von der »Nutzung winziger elektronischer Wunder, die die Rechenmaschine so enorm verkleinert hat, dass sie in eine Tasche passt«. Der Preis von damals 345 Dollar entspricht einem Wert von 2.000 Dollar heute. Eine bahnbrechende Erfindung: Schon drei Jahre später kauften die Deutschen Schätzungen zufolge eine Million Taschenrechner. Ganz im Gegensatz zu heute, da auf die stets griffbereite Rechenleistung der omnipräsenten Mobiltelefone vertraut wird – oder wann haben Sie zuletzt einen veritablen Taschenrechner benutzt?

Schreiben auf Reisen

Stilikone, Designerstück, Freiheitssymbol – die Reiseschreibmaschine Olivetti Valentine hat viele Be- und Auszeichnungen verdient und einige tatsächlich erhalten, da sie als Meilenstein des Industriedesigns gilt. Kein Geringerer als der italienische Designer Ettore Sottsass brachte gemeinsam mit dem Briten Perry A. King die Valentine 1970 auf den Markt. Sie wurde eines der berühmtesten Olivetti-Produkte überhaupt. Bekannt vor allem für ihr leuchtendes Signalrot, wurde diese als Köfferchen zu tragende Reiseschreibmaschine mit aufsteckbarem Etui, das an der Rückseite mit Gummibändern fixiert wurde, auch in Weiß, Blau, »Ei-Gelb« und »Erbsen-Grün« geliefert. Farben, die in die Zeit passten!

Im Vergleich zu heutigen Laptops und Tablets ist die Valentine natürlich in vielfacher Hinsicht ein Dinosaurier, 1970 aber verkörperte sie ein Stück Freiheit, da sie die Möglichkeit bot, zum Arbeiten in die Natur hinauszugehen, an andere Schreibtische zu wechseln oder sie »on location« mitzunehmen. Der Slogan »für alle Orte außer fürs Büro« sprach Bände. Der »Portable Typewriter« hat es nicht nur raus aus den Büros geschafft und ist damit zum Sinnbild für Bewegungsfreiheit geworden, sondern wurde sogar ins Museum of Modern Art aufgenommen – die Olivetti Valentina ist dort Teil der Designsammlung.

Jetzt laufen die Bilder in Farbe

Die »Flimmerkiste«, wie Fernsehgeräte 1970 in vielen Familien liebevoll genannt wurden, gehörte zu den zentralen Elementen der Wohngemütlichkeit und des Feierabendprogramms. Das Farbfernsehen wurde zwar bereits am 25. August 1967 mit einer feierlichen Zeremonie durch Willy Brandt auf der Deutschen Funkausstellung gestartet, eine größere Haushaltsabdeckung setzte sich in Deutschland aber erst 1970 durch, erste Farbfernseher von Körting, Telefunken und Nordmende wurden ver- bzw. gekauft. Gegenüber 1960 (4.637.000 TV-Geräte in Deutschland) hatte sich die Zahl in den zehn Jahren bis 1970 fast vervierfacht (16.669.000 Geräte). Noch größere Verkaufswellen wurden erst zwei und vier Jahre später ausgelöst: Die Übertragung der Olympischen Sommerspiele in München (1972) und der Fußballweltmeisterschaft in Deutschland (1974) sorgten für Kassenschlager rund um den Farb-TV.

Bevor am Sonntag, den 29. November 1970, die bisher im deutschsprachigen Raum langlebigste und erfolgreichste Kriminalfilmreihe »Tatort« erstmals in der ARD ausgestrahlt wurde, markierte die Einführung verschiedener anderer Serien das 1970er-Fernsehprogramm der Bundesbürger.

Einige Beispiele:

4.1.1970
Das Sendeformat »Ortszeit«, das später zum »Auslandsjournal« weiterentwickelt wurde, feierte seine Fernsehpremiere.

1

8.1.1970
Der Dreiteiler »11 Uhr 20« mit Joachim Fuchsberger und Gila von Weitershausen startete im ZDF.

2

10.1.1970
Die erste Folge der US-Grusel-Komödie »Addams Family« wurde ausgestrahlt.

3

4

20.1.1970

»Immer wenn er Pillen nahm« – die erste Folge der Parodie auf »Superheldengeschichten« – wird im ZDF gesendet.

29.3.1970

5

Erstmals zeigt die ARD ihre »Tagesschau« in Farbe. In dieser Folge wird die Wetterkarte auch zum ersten Mal mit der Karte Europas ohne Grenzen gezeigt.

2.7.1970

6

Die Spielshow »Der goldene Schuß«, moderiert von Vico Torriani, wird eingestellt. Die Show war die erste in Farbe ausgestrahlte Unterhaltungssendung im deutschen Fernsehen. Ebenfalls eingestellt wird in diesem Jahr übrigens die Spielshow »Vergissmeinnicht« mit Peter Frankenfeld.

7

17.7.1970

Das ZDF zeigt die erste Folge der Schwarz-Weiß-Serie »Dick und Doof« mit Stan Laurel und Oliver Hardy.

26.8.1970

8

Die Quizshow »Wer dreimal lügt« mit Harald Scheerer und Wolfgang Spier startet.

9

10.9.1970

Die Donnerstagabend-Fernsehshow »Drei mal Neun« mit Wim Thoelke startet im ZDF.

10

18.10.1970

Für Aufregung sorgt an diesem Tag die Ausstrahlung des Fernsehfilms »Das Millionenspiel«, dessen Inhalt eine Menschenjagd-Show nach Art eines Killerkommandos ist.

11

29.11.1970

Taxi nach Leipzig – unter diesem Titel wird der allererste »Tatort« ausgestrahlt.

12

13.12.1970

Pan Tau – eine deutsch-tschechoslowakische Kinderserie mit einem eleganten Herrn in Stresemann-Anzug und mit Melone, der sich in eine kleine Puppe verwandeln kann, flimmert erstmals über die Bildschirme.

Und noch ein Fernsehklassiker wurde 1970 entwickelt: Als »Lach- und Sachgeschichten für Fernsehanfänger« erdachten Gert Kaspar Müntefering, Siegfried Mohrhof, Monika Paetow und Armin Maiwald die spätere »Sendung mit der Maus«, deren Erstausstrahlung allerdings erst im März 1971 erfolgte. Die Idee der »Kinderfernsehreihen« etablierte sich damit in Deutschland zusehends.

Blitzen ohne Batterie und eine Kameratasche aus Jeans

Man musste ja auch das Vergessen bedenken – zum Beispiel das Vergessen der Hobbyfotografen, bei ihren Kamerablitzen die Batterie auszuwechseln. Man denke nur an die Schmach, als das Erstkommunionskind im weißen Kleid mit Kränzchen und Kerze sowie Tante, Onkel und Gebetbuch posierte – und der Blitz nicht funktionierte! Also stellte das Kameraunternehmen Sylvania nach dem 1965 vorgestellten N-Blitzwürfel »Flashcube« (mit vier Blitzlichtbirnen, Drehmechanismus und eben Batteriebetrieb) auf der Photokina 1970 den X-Blitzwürfel »Magiccube« vor. Der Magiccube entzündete die »erhellende« Blitzfunktion durch einen Schlagbolzen, also mechanisch. An Batterien denken? Nicht mehr nötig. Diese Blitzwürfel wurden unter anderem für die damals beliebte Agfamatic-Kameraserie produziert. In diesem Zusammenhang ebenfalls interessant: 1970 versuchte Agfamatic, gezielt den Jugendmarkt zu erschließen. Vom 25. Mai bis zum 30. Juni wurde eine Abverkaufsaktion der »Agfamatic Teen« gestartet. Ihr war eine Erhebung bei jungen Menschen vorausgegangen, die ergeben hatte, dass diese sich einen modischeren Beutel wünschten, in dem sie eine Kamera transportieren könnten – in einem anderen Look als dem der klassischen Kamerataschen. Also entstand das Setangebot »Teen 70«, das für 50 DM die »St.-Tropez-Jeans-Tasche« umfasste, die zum Transport der Kamera und als Verkaufsverpackung diente und gefüllt war mit einer Agfamatic, zwei Agfacolor-Filmen, einem Schwarz-Weiß-Film, drei Blitzwürfeln und zwei Batterien. Die Jugend war begeistert.

PARC – vom Kopierer zum Computer

Ein Forschungszentrum mit visionären Voraussetzungen: Das Xerox Palo Alto Research Center, auch bekannt als Xerox PARC, wurde im Juli 1970 in Palo Alto, Kalifornien, gegründet. Nachdem Xerox den Patentschutz für Fotokopierer verloren hatte (der Begriff Xerox war damals das umgangssprachliche Wort für Kopierer), sollten hier neue Technologien für die Bürotechnik entwickelt werden, denn die Geschäftsleitung fürchtete die japanische Konkurrenz und den Verlust der Marktführerschaft. Weltklasseexperten für physikalische und Informationstechnologie wurden unter einem Dach zusammengeführt, um die Bürotechnologien der Zukunft weiterzudenken. Viele Entwicklungen der Computertechnik stammen aus diesen Labors: Hier wurde von Gary Starkweather später etwa der erste Laserdrucker entwickelt und marktreif gemacht. In diesem unternehmenseigenen Thinktank entstand außerdem das »Ethernet«, die Verbindung mehrerer Computer miteinander. Auch die erste kommerziell nutzbare Computermaus, das grafische Interface und der erste »PC« wurden hier entwickelt. Im Xerox PARC herrschte zwanglose, Brainstorming-artige Aufbruchsstimmung und absolute Forschungsfreiheit: Jede noch so absurde Idee wurde auf Umsetzbarkeit geprüft. Und das war der Schlüssel zum Erfolg. Übrigens: Auch Apple-Gründer Steve Jobs besuchte den Xerox PARC und war beeindruckt von den dort entwickelten Technologien.

Hallo Pascal!

Nichts, aber auch gar nichts geht ohne formale Sprachen, um Datenstrukturen und Algorithmen von Computern ausführen lassen zu können. Während heute abstraktere Programmiersprachen zum Einsatz kommen, waren es früher erste direkt an die ausführenden Rechner gekoppelte Programmiersprachen. Sehr gute Lesbarkeit für Programmiereinsteiger versprach die Lehrsprache Pascal. Der Schweizer Professor Dr. Niklaus Wirth hatte sie während seiner Professur an der ETH Zürich quasi aus der beobachteten Notwendigkeit heraus entwickelt und nach dem französischen Mathematiker Blaise Pascal benannt. Erstmals veröffentlichte er sie 1970, in überarbeiteten Versionen in den Folgejahren jeweils angepasst. Die Programmiersprache Pascal diente vor allem der Programmierausbildung, die klare Struktur beeinflusste die Lesbarkeit der Codes positiv und minimierte die Fehlerquote. Zunächst »lief« Pascal nur auf Großrechnern und Systemen an Universitäten. Mit der Verbreitung kleinerer Computer ab 1975 etablierte sich Pascal auch auf Rechnern in Büros und Schulen. Erfinder Wirth widmete sich mit einer Forschergruppe unter anderem dem Computerbau und der Entwicklung weiterer Programmiersprachen, die auf Pascal folgen sollten – aber am Markt nicht annähernd so erfolgreich wurden.

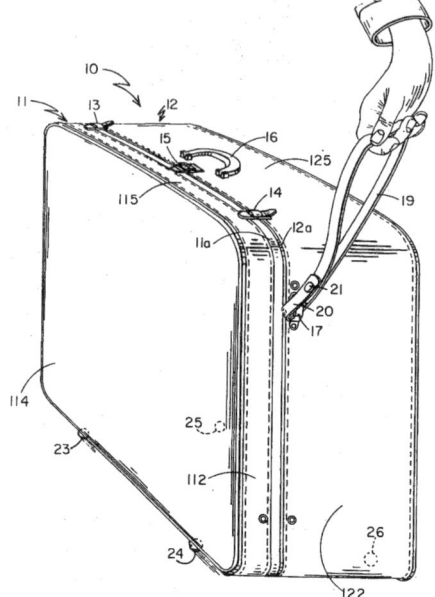

Rollendes Gepäck

Das Geräusch kennen wir alle: Wenn Gepäckstücke auf Bahnhöfen und Flughäfen, an Urlaubsorten und in Hotels nicht getragen, sondern über die angebrachten Rollen geschoben oder gezogen werden, entsteht der ratternde oder klackernde Sound, der »unterwegs sein« symbolisiert. So einfach die Idee auch ist, sie hat das Reisen revolutioniert – aber nicht von »null auf hundert«, sondern in Raten. Denn auch wenn sich bereits Ende des 19. Jahrhunderts Skizzen für Koffer mit Rollen, geschoben mit einem sogenannten Reisestock, finden lassen, haben sich damals weder diese noch die neueren beim Patentamt eingereichten Entwürfe von 1945 und 1949 wirklich durchgesetzt. Erst Bernard D. Sadow, Vizepräsident eines amerikanischen Fabrikationsbetriebs für Koffer und Mäntel, durchdrang das Problem nachhaltiger, als er 1970 bei einer Reise am Flughafen von Aruba unter Gepäck ächzende Passagiere beobachtete. Er setzte vier Rollen unter die Längsseite des Koffers und fügte noch ein flexibles Band zum Ziehen an. Diese Konstruktion meldete er zum Patent an. Der Name: »Rolling Luggage« – rollendes Gepäck. Seine Erfindung, die er selbst als »eine seiner besten Ideen« reklamierte, wurde als US-Patent No. 3,653,474 in die Bücher eingetragen. Erfolgreich wurde das Produkt, als die Kaufhauskette Macy's die rollenden Koffer am Markt einführte. Motto: »The luggage that glides ...«

Visiona 2 – Chemie trifft Behaglichkeit

Auch der Chemiekonzern Bayer schlug 1970 neue Wege ein, als es um die Präsentation der Textilsparte des Unternehmens ging. Auf der Ausstellung Visiona 2 zeigte Bayer anlässlich der Kölner Möbelmesse ein mit Materialien von Bayer eingerichtetes Fahrgastschiff, das unweit der Messe Köln ankerte und begangen werden konnte. Gestaltet und eingerichtet hatte es der dänische Designer Verner Panton (1926–1998), der bereits 1969 mit der Einrichtung des Verlagshauses von »Der Spiegel« in Hamburg für Aufsehen gesorgt hatte. Die Inszenierung einer futuristischen Wohnlandschaft in knalligen Farben und organischen Formen war aus einem Chemielabor entsprungenen Materialien geformt und wurde zur Interieur-Ikone: eine Wohnhöhle mit organischen Wellen, eine Fantasielandschaft, die den Raum neu definierte. Pantons psychedelische Entwürfe wirkten skulptural. Erst der Einsatz der neuartigen Kunststoffe gab ihm die gestalterische Freiheit zur Verschmelzung von Funktion und Raum, die seine Idee, die Dreieinigkeit von Boden, Decke und Wand aufzuheben und vollkommen innovativ neu zu denken, Realität werden ließ. Anders als viele andere Gestalter dieser Zeit orientierte sich Panton nicht an den technischen Anmutungen der Raumfahrt und irgendwelchen Science-Fiction-Visionen, sondern an dem Gegenbedürfnis: der Behaglichkeit, deren Farbigkeit und Weichheit erst durch die neu entwickelten Stoffe und Oberflächen möglich geworden war.

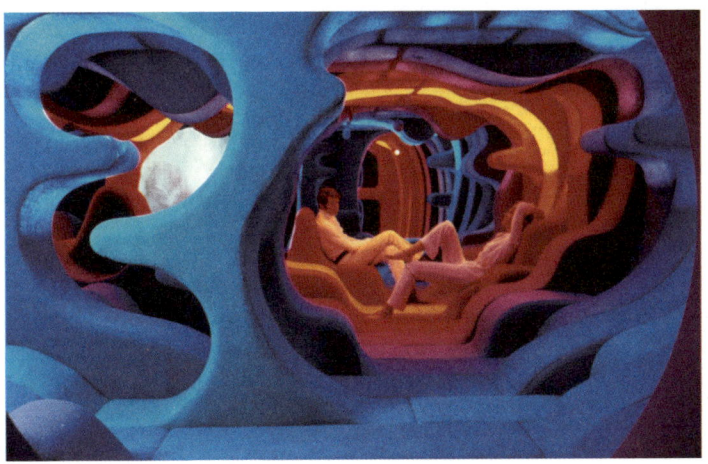

Psychedelisches Blubbern

Zugegeben: Erfunden hat Edward Craven Walker seine Lava-lampen bereits in den 1960ern. Er kreierte das Original im süd-englischen Poole und war ganz offensichtlich davon überzeugt, dass der Anblick seiner wabernden Farben und Formen der Licht- und Lavaeffekte die Betrachter in neue Bewusstseinszu-stände versetzen würden. Ihren Siegeszug in Deutschland trat die zunächst »Astro Lamp« getaufte Leuchte dann 1970 an.

Die Lavalampe war ästhetisches Neuland – sicherlich in-spiriert und beflügelt von der ersten Mondlandung und die Experimentierfreudigkeit der Sixties-Freaks. Erfinder Walker war für schräge Ideen bekannt, auch für solche, die nicht immer die breite Masse erreichten und die auch nicht immer von Dauer waren. Die »Astro Lamp« seines zunächs »Crestworth«, dann und bis heute »Mathmos« genannten Unternehmens kam mit Schwung, blieb aufgrund des durchschlagenden Erfolgs einige Jahre und verschwand dann wieder. Wobei das nicht ganz stimmt, denn noch heute werden die Originale des »Mathmos« (der Name stammt von dem französischen Kult-Science-Fiction-Film »Barbarella«, dort verkörpert Mathmos eine flüssige Gewalt in Form einer Blase unter der Stadt) im Ursprungsunterneh-men in England produziert. Die Glasbehälter werden in einer Präzisionsfabrik in Yorkshire aus sehr klarem Glas mit niedri-ger Glasnaht und einer Sicherheitslippe für festen Stand auf der Basis hergestellt. Britische Handwerker aus Dorset verwenden besonders hochwertiges, auf Hochglanz polierbares Aluminium für die Metallteile der Lavalampe.

Bis zu seinem Tod im Jahr 2000 arbeitete der als geradezu versessen geltende Erfinder und Gründer Walker auch an der optimalen Flüssigkeitskombination. Und was sagte er zur Dauerhaftigkeit seiner Astro Lamp? »Ich den-ke, sie wird immer beliebt sein. Es ist wie der Zyklus des Lebens. Es wächst, fließt, sinkt und startet dann wieder.«

Die Kommandozentrale der Hausfrau

»Das Leuchtpult ist ein anerkanntes Merkmal der Siemens-Herde. Die Hausfrau verfügt damit gewissermaßen über eine moderne ›Kommandozentrale‹, auf der übersichtlich und deutlich alle Schaltsymbole und Schaltstellungen durch die breitflächige und helle Beleuchtung auf einen Blick zu erkennen sind.« So heißt es im Siemens-Verkaufsprospekt für die Meisterkoch-Geräte, die 1970 die deutschen Küchen und das Leben der Hausfrauen (nicht etwa der Meisterköche) revolutionieren sollten. Neben der oben genannten beleuchteten Schaltanzeige hat der Herd auch einen herausziehbaren Backwagen, dank dessen das Gargut von allen Seiten zu erreichen ist, ohne dass der Nutzer in das heiße Ofeninnere fassen muss. Zwei der vier Kochplatten sind mit einer Automatik versehen, die Wärmen, Kochen und Braten unterscheiden kann und die Temperatur regelt und so Überkochen und Anbrennen verhindert. Eine eingebaute Bratautomatik war ein neuer Skill fürs Fleisch: Nach Eingabe von Gewicht (des Fleischs, nicht der Köchin!) und Art des Garguts stellt der Ofen automatisch Vor- und Nachgarzeiten ein. Ebenfalls an Bord: eine Intensivgrillfunktion mit elektronisch angetriebenem Grillspieß. Apropos Grillspieß! Vom türkischen Döner in Berlin träumte der aus Anatolien stammende Kadir Nurman angeblich schon 1970. Zwei Jahre später eröffnete der gelernte Kaufmann am Berliner Bahnhof Zoo seinen ersten Dönerladen und reagierte damit auf die veränderten Essgewohnheiten in Deutschlands Großstädten: Fast Food kam in Mode. Der Verein Türkischer Dönerhersteller in Europa zeichnete den Döner-Pionier 2011 für sein Lebenswerk aus.

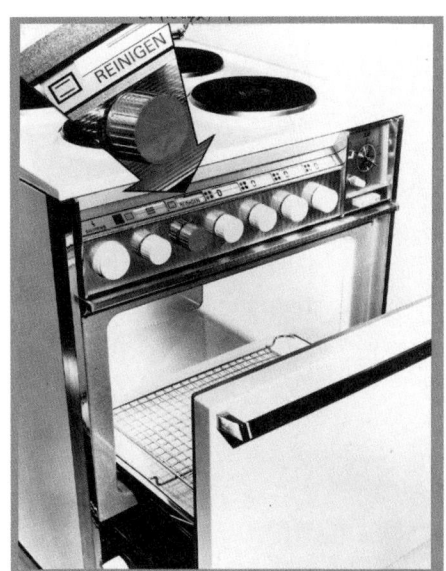

Verhüten wie die Kamele – fast!

Eine sehr hilfreiche und in der Regel unsichtbare Erfindung ist die Kupferspirale, ebenfalls ein »Kind des Jahres 1970«. Denn damals wurde das durch den Einsatz des Metalls Kupfer optimierte Intrauterinpessar zur Empfängnisverhütung am Markt vorgestellt. Wenn wir den Überlieferungen glauben dürfen, ist die Idee der Spirale arabischen und türkischen Kameltreibern zu verdanken. Diese nämlich sollen ihren Kameldamen kleine Steine in die Gebärmutter eingeführt haben, um auf langen Expeditionen Trächtigkeit zu vermeiden. Daher rührt wohl die noch heute verwendete Fachbezeichnung Intrauterinpessar (Intrauterin – in der Gebärmutter, Pessar von pessos – Stein).

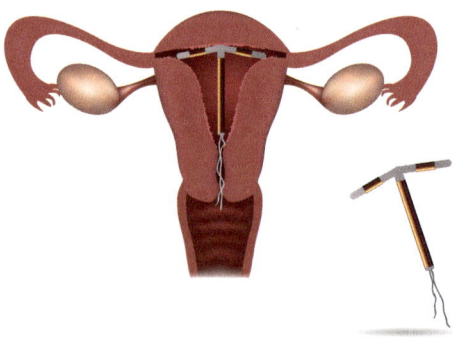

Anfang der 1950er-Jahre wurde in den USA die Antibabypille zum Patent angemeldet, in Deutschland etablierte sie sich in den 1960ern. Vor ernst zu nehmenden Verhütungsmethoden wie dieser wurde eine Frau im Schnitt ein Dutzend Mal im Laufe ihres Lebens schwanger. Im Griechenland der Antike führten sich Frauen nach dem Liebesakt Krokodilkotzäpfchen ein, um das Sperma abzutöten, an Fantasie mangelte es also auch vor dem Zeitalter medizinischer Verhütung nicht, allein die Wirksamkeit dürfte anzuzweifeln sein.

Die 1970 vorgestellte Variante der in die Gebärmutter einzulegenden Kupferspirale gibt Kleinstmengen des Metalls ab, und diese freigesetzten Kupferteilchen schränken die Beweglichkeit von Spermien ein und töten sie ab. Zudem wird eine Immunreaktion der Gebärmutterschleimhaut ausgelöst, die das Einnisten von Eizellen, sollten sie doch befruchtet worden sein, verhindert.

Die Kupferspirale gilt als eines der sichereren Verhütungsmittel, wozu sicher auch der Effekt beiträgt, dass die Spirale, anders als etwa die Pille, niemals vergessen werden kann.

Fun Fact: In Wien sorgt ein eigenes »Museum für Verhütung« seit 2003 für Transparenz bei Themen wie diesem. Gegründet von Dr. Christian Fiala, einem Arzt der Allgemeinmedizin und der Frauenheilkunde mit Berufserfahrung in Europa, Asien und Afrika, soll es das Wissen über verlässliche Verhütung transparent kommunizieren. Das Museum wird von einem privaten österreichischen Verein getragen und bietet unter anderem sexualpädagogische Workshops für Schulklassen an, die Schülerinnen und Schülern einen fundierten Überblick über Verhütungswissen vermitteln – und so unter anderem ungewollte Schwangerschaften vermeiden helfen sollen.

»Ok Houston, we've had a problem here.«

Die erfolgreiche Mondlandung 1969 prägte so manches Bestreben, Entwickeln und Forschen im Nachgang dieser glorreichen Erfahrung. Eine Mondmissionseuphorie war ausgebrochen. Nicht alles Folgende konnte allerdings als Erfolg verbucht werden. Die »Apollo-13-Mission« etwa wurde am 11. April 1970 gestartet, musste aber schon nach nur gut zwei Tagen abgebrochen werden. Ein Sauerstofftank war 55 Stunden und 54 Minuten nach dem Start und über 300.000 Kilometer von der Erdkugel entfernt explodiert – Grund waren ein unter zu hoher Spannung kurzgeschlossenes Thermostat und eine unglückliche Verkettung von menschlichen Versäumnissen. Um die drei Insassen der Raumfahrtmission lebend zur Erde zurückzuführen, war technische Improvisation notwendig: Die Mondlandefähre »Aquarius« wurde als eine Art Rettungsboot eingesetzt. Am 17. April 1970 um 13.07 Uhr schließlich wasserte die Apollo 13 im Pazifischen Ozean – ohne weitere Probleme. Auch wenn diese dritte innerhalb von neun Monaten durchgeführte Mondmission scheiterte, lieferte sie dennoch einen eigenen Rekord:

Die drei Astronauten James Lovell, John Swigert und Fred Haise
sind diejenigen Menschen, die am weitesten von der Erde entfernt
waren: über 401.000 Kilometer am äußersten Bahnpunkt um den Mond.
Die frei übersetzt lautende Fehlermeldung »Houston, wir haben ein
Problem«, die damals von Astronaut Swigert abgesetzt wurde, ging in
die Geschichte und den allgemeinen Sprachgebrauch ein – sogar als
Klingelton für Mobiltelefone wurden diese Worte später gehandelt und
zum feststehenden Begriff geadelt.

Statement-Stiefel

Als Neil Armstrong am 21. Juli 1969 als
erster Mensch den Mond betrat, sprach
er von einem »kleinen Schritt für einen
Menschen, aber einem großen Sprung für
die Menschheit«. Währenddessen verfolg-
te der Italiener Giancarlo Zanatta, damals
32 Jahre alt, via Fernsehen diesen kleinen
oder eben großen Schritt, den Armstrong
in klobigen Astronautenschuhen tat. Davon inspiriert, entwarf Zanatta, Inhaber
einer Schuhfabrik, Winterstiefel, die den
Mondfahrerschuhen verblüffend ähnlich
sahen. Die Bezeichnung »Moon Boots«
prangte später in auffälligen Lettern auf
den markanten Stiefeln, die 1970 weltweit auf den Markt kamen. Sie wärmten,
waren aber auch ein unkonventionelles
Statement, das abseits der Skihütten und
Après-Ski-Bars Laufstege und Innenstäd-
te eroberte. Ihre Mission: Ironie, Mode,
Design und eine Revolution des Schnee-
stiefels. Produziert in Giancarlo Zanattas
Unternehmen Tecnica, entsprang der
Moon Boot – diese verrückte, aber auch
sehr erfolgreiche Idee – den ursprüng-
lichen Produktionszyklen von Arbeits-
und Bergschuhen – über 20 Millionen
wurden verkauft. Nach der Erfindung
der Moon Boots entstanden bei Tecnica
ab 1973 erste Skischuhe, die später den
Hauptmarkt des Familienunternehmens
ausmachen sollten.

Der Beginn des Umweltschutz-gedankens

Die vielfältigen technischen Entwicklungen des beginnenden Jahrzehnts wurden 1970 wertgeschätzt, viele Errungenschaften des modernen Lebens hatten aber negative Begleiterscheinungen für die Umwelt. Wachsame und kritische Beobachter wussten, dass die Aufmerksamkeit auf die Endlichkeit der natürlichen Güter gerichtet werden musste, und so entstand die Idee des kurzen, aber wirksamen Innehaltens einmal pro Jahr: Es sollte ein Aktionstag für die Erde werden, ein Moment des bewussten Überdenkens des eigenen Verhaltens in Bezug auf den Verbrauch von Ressourcen. Unter diesem Aspekt führte der sozial engagierte US-Senator Gaylord Nelson zunächst an Schulen und Universitäten den »Earth Day« ein, aus dem schließlich ein Weltereignis wurde: Am 22. April 1970 fand dieser Tag erstmals statt, und es nahmen sofort 20 Millionen Menschen an den Aktionen teil. 25 Jahre später, am 22. April 1995, waren es bereits 200 Millionen Menschen weltweit, die sich an diesem Umweltaktionstag beteiligten. Die Zahl der Aktiven hatte sich verzehnfacht. Heute stehen aktuelle Themen wie Biodiversität, Bienenschutz und nachhaltige Mobilität im Fokus des heute auch »Mother Earth Day« genannten Aktionstags. Schätzungen zufolge beteiligen sich heute mehr als eine Milliarde Menschen in 192 Ländern.

Die Wiege des Elektropop

Sie wurden belächelt, bestaunt und dann gefeiert: Die deutsche Musikgruppe Kraftwerk veröffentlichte im Sommer 1970 ihr erstes und gleichnamiges Album, das es direkt auf Platz 30 der deutschen LP-Charts schaffte. Die New York Times nannte diese Band sogar die »Beatles der elektronischen Tanzmusik«. Die neue Art der Musik war einem gemeinsamen Interesse an Improvisation und avantgardistischer Ausrichtung zu verdanken. Die Produzenten Conny Plank, Ralf Hütter und Florian Schneider hatten das Debutalbum »Kraftwerk« in ihrem Kling-Klang-Studio in Düsseldorf aufgenommen. Der erste Titel des Albums, »Ruckzuck«, wurde sogar zur markanten Titelmelodie der damaligen Fernsehserie »Kennzeichen D«. Neu für die Ohren der Zuhörer waren bei dieser Musik verzerrte Klänge von Querflöte und Hammondorgel, monotone Beats deuteten schon die Richtung an, in die sich spätere elektronische Musik, dann auch wirklich rein elektronisch produziert, entwickeln würde. Legendär war auch das Kraftwerk-Konzert im Winter 1970 in Soest, wo die damals noch schwer einzuordnenden Klänge – zirpende Saiten, kribbelige Schlagzeugbeats, eher mit Geräuschen als mit harmonisch komponierter Musik in Verbindung gebracht – die Zuhörer irritierten, aber eben auch interessierten. Schräger Sound und: die Wiege des Elektropop.

Prominente Geburtstagskinder

Jedes Jahr hat seine Geschichte und jedes Geburtsjahr seine eigenen Stars und Sternchen. Welche Mutter hätte gedacht, dass sie einen Schauspieler, eine Sängerin, einen erfolgreichen Sportler oder Entertainer unterm Herzen trug? 1970 war jedenfalls so mancher spätere Kracher dabei. Einige Beispiele:

18. März

Queen Latifah, US-amerikanische Hip-Hop-Sängerin

2

22. März

Anja Kling, deutsche Schauspielerin

3

27. März

Mariah Carey, US-amerikanische Sängerin

4 **28. März**
Vince Vaughn, US-amerika-
nischer Schauspieler

5 **18. April**
Esther Schweins,
deutsche Schauspielerin

6 **29. April**
André Agassi, US-amerika-
nischer Tennisspieler

7 **16. Mai**
Gabriela Sabatini, argen-
tinische Tennisspielerin

8 **22. Mai**
Naomi Campbell,
britisches Topmodel

9 **21. Juni**
Mickie Krause, deutscher
Sänger und Entertainer

6. Juli
Roger Cicero, deutscher
Sänger und Musiker

7. Juli
Erik Zabel, deutscher
Radrennfahrer **11**

25. August
Claudia Schiffer, deutsches Topmodel

16. September
Christine Urspruch, deutsche Schauspielerin

13

8. Oktober
Matt Damon, US-amerikanischer Schauspieler

14

16. Oktober
Mehmet Scholl, deutscher Fußballer

15

18. November
Anna Loos, deutsche Schauspielerin und Sängerin

16

Und welche Geburtstagskinder aus dem Jahr 1970 kennst du?